BEI GRIN MACHT SICH IHR WISSEN BEZAHLT

- Wir veröffentlichen Ihre Hausarbeit, Bachelor- und Masterarbeit

- Ihr eigenes eBook und Buch - weltweit in allen wichtigen Shops

- Verdienen Sie an jedem Verkauf

Jetzt bei www.GRIN.com hochladen
und kostenlos publizieren

Norman Franz

Veränderungen im Bildungswesen durch den Wandel der Rahmenbedingungen in der Gesellschaft?

GRIN Verlag

Bibliografische Information der Deutschen Nationalbibliothek:

Die Deutsche Bibliothek verzeichnet diese Publikation in der Deutschen National-
bibliografie; detaillierte bibliografische Daten sind im Internet über http://dnb.d-
nb.de/ abrufbar.

Impressum:

Copyright © 2009 GRIN Verlag GmbH
Druck und Bindung: Books on Demand GmbH, Norderstedt Germany
ISBN: 978-3-656-63144-6

Dieses Buch bei GRIN:

http://www.grin.com/de/e-book/271339/veraenderungen-im-bildungswesen-durch-
den-wandel-der-rahmenbedingungen

GRIN - Your knowledge has value

Der GRIN Verlag publiziert seit 1998 wissenschaftliche Arbeiten von Studenten, Hochschullehrern und anderen Akademikern als eBook und gedrucktes Buch. Die Verlagswebsite www.grin.com ist die ideale Plattform zur Veröffentlichung von Hausarbeiten, Abschlussarbeiten, wissenschaftlichen Aufsätzen, Dissertationen und Fachbüchern.

Besuchen Sie uns im Internet:

http://www.grin.com/

http://www.facebook.com/grincom

http://www.twitter.com/grin_com

Ziehen die sich verändernden Rahmenbedingungen in der Gesellschaft Veränderungen im Bildungswesen nach sich?

von

Norman Franz

Inhaltsverzeichnis

1 Einleitung

Die Rahmenbedingungen in Deutschland verändern sich. Einerseits schrumpft und altert die Gesellschaft. Diese Art der Veränderung wird auch als demographischer Wandel etikettiert.

So gibt es laut Bildungsbericht 2006 des Bundesministerium für Bildung und Forschung (kurz: BB 2006) seit 1997 mehr ältere, d.h 60-jährig und älter, als jüngere, d.h. unter 20-Jährige, Einwohner in Deutschland (ebd.: S. 6). Diese rückgängige Veränderung ist auch in der Bildungsbevölkerung und der Zahl der Berufsanfänger zu verzeichnen. Andererseits stehen auch andere Rahmenbedingungen in einem Veränderungsprozess:

In Deutschland ist seit langem eine anhaltende Wachstumsschwäche zu erkennen. So ging die Wachstumsrate des Bruttoinlandsprodukts zwischen den Jahren 1981 und 1991, in denen sie bei 2,6 % lag, in den Jahren zwischen 1992 und 2003 auf 1,7 % zurück (ebd.: S. 8).

Dem gegenüber stehen anhaltende Internationalisierungs- und Globalisierungstrends, die den Markt mehr und mehr öffnen und eine damit verbundene Veränderung im Bildungswesen fordern, wie z.B. der Adaption von internationalen Bildungsabschlüssen und der Erweiterung des Spektrums von Qualifizierungen und Qualifikationen.

In der hier vorliegenden Hausarbeit werde ich versuchen eine Forschungsfrage samt Hypothese aufzustellen, die bereits erwähnten Veränderungen einzugrenzen und Teile des Bildungsberichts 2006 des Bundesministerium für Bildung und Forschung zu operationalisieren. Um Forschungsfrage und Hypothesen nachzugehen, werde ich Daten auswählen und interpretieren. Für die Beschreibung und Interpretation werde ich vorher eine Forschungsmethode auswählen und kurz darlegen. Die Hausarbeit schließt mit einer inhaltlichen Auswertung und der Darstellung der Ergebnisse.

Ich möchte kurz anmerken, dass ich aufgrund der besseren Lesbarkeit in dieser Arbeit auf eine geschlechterneutralisierende Formulierung verzichten werde. Die Textdarstellung erfolgt in männlicher Form, was jedoch keine persönliche Wertung des Autors wiederspiegelt.

2 Forschungsfrage

Nach dem Durcharbeiten des Bildungsberichts – und der bereits in der Einleitung genannten Daten – lag es mir besonders bei einer Frage nahe, dieser in meiner Arbeit nachzugehen. Die von mir gewählte Forschungsfrage soll lauten: *Ziehen die sich verändernden Rahmenbedingungen in der Gesellschaft Veränderungen im Bildungswesen nach sich?*

Unter *Rahmenbedingungen* sind der demographische Wandel durch Geburtenrückgänge und der Anstieg an alten Menschen in der Gesellschaft sowie der Wirtschaftswachstum zu verstehen.

Um die Forschungsfrage beantworten zu können, werde ich nun Hypothesen aufstellen und diese überprüfen.

2.1 Hypothesen

Da Aussagen über Zusammenhänge zwischen den Merkmalsausprägungen zweier oder mehrerer Variablen in Tabellen und Grafiken des Bildungsberichts 2006 gemacht werden, sind die zu erstellenden Hypothesen Zusammenhangshypothesen (vgl. Schöneck & Voß, 2005: S. 140). Diese unterliegen Merkmalen von Hypothesen (vgl. Bortz & Döring, 2002: S.7) und liegen einem Konditionalsatz zu Grunde und sind falsifizierbar, d.h. ihnen kann potentiell widersprochen werden.

Die Forschungsfrage repräsentiert die Absicht meiner Untersuchung und stellt somit die Alternativhypothese H1 dar:

Die sich verändernden Rahmenbedingungen in der Gesellschaft ziehen Veränderungen im Bildungswesen nach sich.

Davon ausgehend, lässt sich die Nullhypothese H0 ableiten, die eine logische Negation zur Alternativhypothese H1 darstellt und zur Bestätigung dieser nötig ist. Somit lautet die Nullhypothese:

Veränderungen im Bildungswesen stehen in keinem Zusammenhang mit den Veränderungen der Rahmenbedingungen.

Da der Bildungsbericht 2006 zu umfangreich ist, um alle darin in Frage kommenden Daten (Tabellen und Grafiken) auszuwerten, werde ich mich auf einen Teil dieser Daten begrenzen, um der Forschungsfrage nachzugehen. Diese Begrenzung auf nur einige Daten führt zu weiteren, konkreteren Hypothesenpaare:

Alternativhypothese H1: *Die Entwicklung der studienrelevanten Bevölkerung zwischen 20 und 30 Jahren im Westen/Osten Deutschlands nimmt ab.*
Nullhypothese H0: *Die Entwicklung der studienrelevanten Bevölkerung im Westen/Osten Deutschlands nimmt zu.*

Alternativhypothese H1: *Das Wirtschaftswachstum nimmt ab.*
Nullhypothese H0: *Das Wirtschaftswachstum nimmt zu.*

Alternativhypothese H1: *Die Bildungsausgaben sinken.*
Nullhypothese H0: *Die Bildungsausgaben steigen.*

Alternativhypothese H1: *Die Marktoffenheit Deutschlands steigt an.*
Nullhypothese H0: *Die Marktoffenheit sinkt.*

Alternativhypothese H1: *Die Neuzugänge im Bildungssystem sinken.*
Nullhypothese H0: *Die Neuzugänge im Bildungssystem steigen an.*

3 Quantitative Methode

Zur Prüfung meiner Hypothesen führe ich hypothesenprüfende Untersuchungen durch, mit denen ich „Annahmen über Zusammenhänge, Unterschiede und Veränderungen ausgewählter Merkmale bestimmter Gruppen" (Bortz & Döring, 2002: S. 459) testen kann. Um meiner Forschungsfrage nachzugehen, werde ich bereits vorhandene Daten – d.h. Primärdaten - aus dem Bildungsberichts 2006 nach quantitativem Verfahren sekundär untersuchen.

Diese quantitative Methode unterscheidet sich von der qualitativen in dem Ziel, dass die quantitative Methode *überprüfen* und die qualitative

Methode *entdecken* will. Aus diesem Hauptunterschied ergeben sich alle weiteren Unterschiede beider Methoden. So arbeitet die quantitative Methode mit eher großen Datenmengen und ist allgemein ausgerichtet, im Unterschied zur qualitativen Methode, die sich mit kleinen Datensätzen begnügt und spezifisch ist. In der quantitativen Methode werden Hypothesen mit Hilfe von Variablen überprüft. Dazu wird die zweidimensionale Häufigkeitsverteilung zum Einsatz kommen, um der Forschungsfrage quantitativ methodisch nachzugehen. Damit werden die aufgestellten Hypothesen überprüft.

3.1 Deskriptives Untersuchungsverfahren

Die gewählte quantitative Forschungsmethode wird eine deskriptive Form sein, da der Untersuchungsgegenstand bereits vorliegt und Daten nicht erst primär gewonnen werden müssen, sondern sekundär ausgewertet und überprüft werden. Diese Arbeit ist also Teil der beschreibenden Statistik. Da es über den Untersuchungsgegenstand kaum theoretische Grundlagen gibt, wird es u.a. das Ziel sein, anhand des deskriptiven Untersuchungsverfahrens Zusammenhänge ohne theoretischen Anspruch zu beschreiben. Die in den Datensätzen enthaltenen Informationen sollen möglichst übersichtlich dargestellt werden; es handelt sich somit um eine Informationsreduktion, bei der die Redundanz verringert wird und nicht relevante Teile der ursprünglichen Informationen ausgefiltert werden: in diesem Falle also die Datensätze des Bildungsberichts 2006.

4 Operationalisierung

Nach Ludwig-Mayerhofer (1999) versteht man unter *Operatio-nalisierung* „die (möglichst genaue) Angabe der Vorgehensweise (eben der *Operationen*), mit der ein Merkmal erhoben werden soll". Also kann unter *Operationalisierung* auch die Frage verstanden werden, wie ich überhaupt messen kann, was mich interessiert.

Diese Operationalisierung kann, nach Esser (1984, II: S. 9), in vier Teilschritte gegliedert werden, die ich an meinem Untersuchungs-gegenstand des Bildungsberichts 2006 anwende:

1. Mit der *Exploration des Vorstellungsfeldes* ist die vorbereitende Erkundung der verschiedenen inhaltlichen Aspekte gemeint, deren Ergebnisse aufgelistet werden. In Hinsicht auf die Forschungsfrage sind das: Bildungsbericht, Rahmenbedingungen, Bildungswesen, demographische Wandel, Geburtenrückgang, Altersverschiebung, Wirtschaftswachstum, Bruttosozialprodukt und Bildungsausgaben.

2. Die *Konzeptspezifikation* stellt die konkretisierende Systematisierung des Gefundenen dar: Welche Tabellen und Grafiken des Bildungsberichts 2006 sollen verwendet werden? Welche Daten sollen herausgefiltert, untersucht und verglichen werden?

3. Die *Auswahl der Indikatoren* stellt die Umsetzung der theoretischen Vorstellungen auf empirisch beobachtbare Äußerungen dar. Um der Forschungsfrage nachzugehen und die Hypothesen zu überprüfen, werde ich Tabellen und Grafiken des Bildungsberichts 2006 nutzen und als Indikatoren einsetzen:

- Abbildung A1-1: Entwicklung der Zahl der Bevölkerung im Alter von unter 30 Jahren in Westdeutschland von 1991 bis 2020
- Abbildung A1-2: Entwicklung der Zahl der Bevölkerung im Alter von unter 30 Jahren in Ostdeutschland von 1991 bis 2020
- Abbildung A2-1: Entwicklung des Bruttoinlandprodukts in Deutschland 1991 bis 2004
- Tabelle A2-2A: Anteile öffentlicher Bildungsausgaben am Gesamtetat und am Bruttoinlandsprodukt 1992, 2003 und 2004; Deutschland insgesamt
- Tabelle A4-2A: Marktoffenheit der deutschen Wirtschaft im internationalen Vergleich
- Tabelle B1-1A: Bildungsbudget nach Bildungsbereichen und finanzierenden Sektoren sowie Anteile am Bruttoinlandsprodukt 2003 und 2004; Ausgaben für den Bildungsprozess

(Alle Daten können im offiziellen Bildungsbericht 2006 nachgelesen und verglichen werden; aus Platzgründen kann keine vollständige Abbildung in dieser Arbeit erfolgen.)

4. Die *Indexbildung* ist erforderlich, wenn zu einer Begriffsdimension mehrere Indikatoren ausgewählt wurden. Dies ist in diesem Falle nicht nötig, da es zu einer Begriffsdimension nur einen Indikator gibt.

4.1 Zweidimensionale Häufigkeitsverteilung

Um Informationen über Zusammenhänge zwischen zwei Variablen aus den von mir ausgewählten Tabellen und Grafiken zu erhalten, werde ich zweidimensionale Häufigkeitstabellen verwenden. Diese Variablen, z.B. A und B, die aus Stichproben gewonnen werden, haben verschiedene Merkmalsausprägungen, so dass Variablen-kombinationen, z.B. a1 und b1, betrachtet werden müssen, um zu einem Ergebnis zu kommen. Daher werden Messwerte in zweidimensionalen Strichlisten festgehalten (vgl. Wolf, 1998: 139).

5 Datenanalyse

Die von mir zur Auswertung und Interpretation benutzten Daten habe ich dem offiziellen Bildungsbericht des Bundesministerium für Bildung und Forschung entnommen; dieser kann unter www.bildungs-bericht.de eingesehen und überprüft werden. Die Güte der Daten ist sehr hoch, da die Zusammentragung der Datensätze mehreren Instanzen durchläuft, die dem Konsortium Bildungsberichterstattung unterliegen; dazu zählen das Deutsche Institut für Internationale Pädagogische Forschung, das Deutsche Jugendinstitut, die Hochschul-Informations-System GmbH, das Soziologische Forschungsinstitut an der Universität Göttingen sowie da Statistische Bundesamt und die Statistischen Ämter der Länder.

		Jahr der Messung des Anteils der 20 bis unter 30-Jährigen		
		1991	*2020*	*Summe*
Teil Deutschlands	**West**	10,5	8	18,5
	Ost	2,7	1,2	3,9
	Summe in Mio.	13,2	9,2	22,4

Quelle: Bildungsbericht 2006, Abbildung A1-1 und A1-2
Tabelle 1: Anteil der 20 bis unter 30-Jährigen in der Gesamtbevölkerung

Als ersten Schritt untersuche ich die Daten der Bevölkerungs-entwicklung der für ein Studium relevanten Bevölkerung der 20 bis unter 30-Jährigen zwischen den Jahren 1991 und Vorausberechnungen für 2020.

Als Variablen habe ich für den Zeilenindex den Teil Deutschlands sowie für den Spaltenindex das Jahr gewählt. Wie aus der entworfenen *Tabelle 1* und *Abbildung 1* zu ersehen ist, wird sich der Anteil der studienrelevanten Bevölkerung von 1991 bis 2002 um insgesamt vier Millionen Menschen verringern; diese Zahl ist aufgeteilt zwischen 1,5 Millionen Menschen im Osten Deutschlands und 2,5 Millionen im Westen. Insgesamt bedeuten diese Zahlen, dass zwischen 1991 und 2020 die Gesamtsumme der 20 bis unter 30-Jährigen um 30,3 % sinken wird.

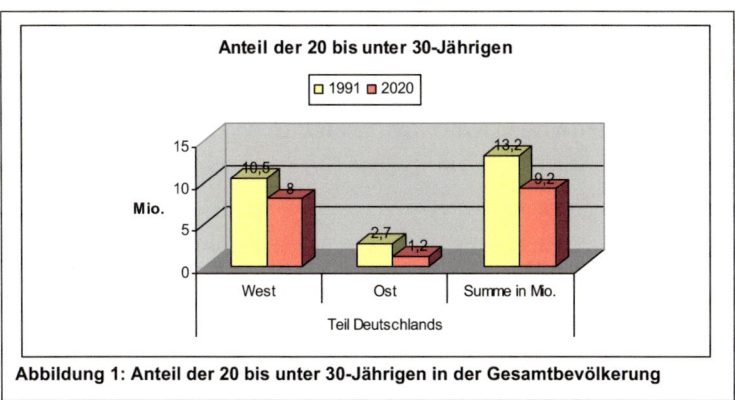

Abbildung 1: Anteil der 20 bis unter 30-Jährigen in der Gesamtbevölkerung

Somit wird die anfangs aufgestellte Hypothese H1 bestätigt, dass diese Schicht der Bevölkerung sinken wird. Die Nullhypothese H0 wird widerlegt.

Um die Alternativhypothese zu untersuchen, ob das Wirtschafts- wachstum von Deutschland steigt oder sinkt, habe ich die dafür nötigen Daten des Bruttoinlandprodukt für die Jahre 1991, 1997 und 2004 ausgewählt und diese mit denen der EU und den USA verglichen (siehe *Abbildung 2*). Als Zeilenindex wurde das Bruttoinlandsprodukt in Prozenten und als Spaltenindex das Jahr der Erhebung genommen.

Durch die Daten der *Tabelle 2* scheint es zunächst, als wüchse das Bruttoinlandsprodukt Deutschlands gleich dem der EU oder den USA. Betrachtet man die Daten jedoch näher, so fällt deutlich auf, dass die Gesamtsumme für Deutschland niedriger ist als EU und USA.

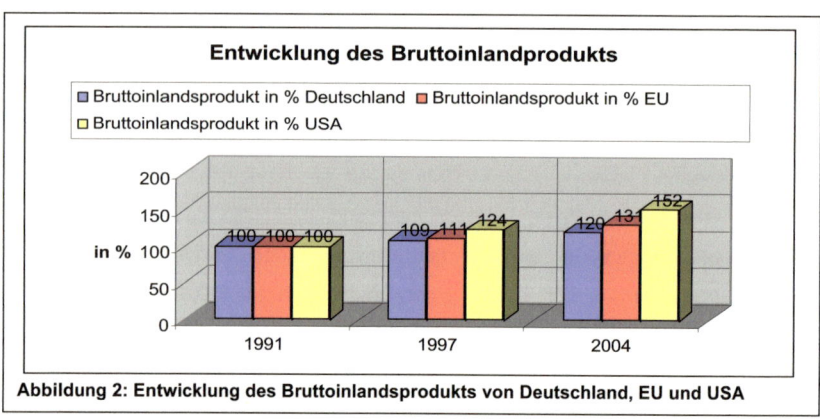

Abbildung 2: Entwicklung des Bruttoinlandsprodukts von Deutschland, EU und USA

Betrachtet man den prozentualen Anstieg von 1991 zu 1997, so sind dies im Vergleich zum Ausgangswert von 100 nur einen Anstieg von 9% - ganz im Gegensatz zur EU, die von 1991 zu 1997 11 % und die USA 24 % Anstieg zum Ausgangswert hatten. Auch in den Jahren 1997 zu 2004 ist dieser Vergleich deutlich: bei einem Ausgangswert von 109 ist nur ein Anstieg von 10,09% zu verzeichnen; in der EU betrug dieser im gleichen Zeitraum 18% und in den USA 22,5%. Damit wird ersichtlich, dass Deutschland im gleichen Zeitraum einen deutlich geringeren Anstieg verzeichnen kann als EU und USA.

		Jahr der Erhebung des Bruttoinlandprodukts			
		1991	1997	2004	Summe
Bruttoinlands-produkt in %	Deutschland	100	109	120	329
	EU	100	111	131	342
	USA	100	124	152	376
	Summe	300	344	403	1047
Quelle: Bildungsbericht 2006, Abbildung A2-1					

Tabelle 2: Entwicklung des Bruttoinlandsprodukts von Deutschland, EU und USA

Die anfangs aufgestellte Hypothese H1 wird damit bestätigt, da das Wirtschaftswachstum, anhand des Bruttoinlandsprodukts gemessen, im Vergleich zu anderen, weniger stark steigt. Die Nullhypothese H0 wird widerlegt, da das Bruttoinlandsprodukt den niedrigsten Anstieg zu verzeichnen hat, zieht man Vergleiche zu EU und USA heran.

In *Tabelle 3/Abbildung 3* habe ich Primärdaten des Bildungsberichts 2006 genutzt, um diese in Hinsicht der Hypothese zu untersuchen, ob die Ausgaben für den Bildungsbereich rückläufig sind oder ansteigen.

		Ausgaben für Bildung			
		Bildungsausgaben Deutschland insgesamt in Mio. Euro	*Anteile am Gesamtetat in %*	*Ausgaben Bruttoinlands-produkt in %*	*Ausgaben gesamte Volkswirtschaft in Mrd. Euro*
Erhebungs-Jahr	**2003**	84.251	18,3	5,6	122
	2004	85.814	18,8	5,5	121,7
Quelle: Bildungsbericht 2006, Abbildung B1-1A und A2-2A					

Tabelle 3: Bildungsbudget

Werden die Bildungsausgaben für Deutschland insgesamt betrachtet sowie der Anteil am Gesamtetat, lässt sich beim ersten Blick erkennen, dass diese offensichtlich steigen. So stiegen die Bildungsausgaben von 2003 zu 2004 um 1563 Mio. Euro. Vergleicht man dies am Verhältnis

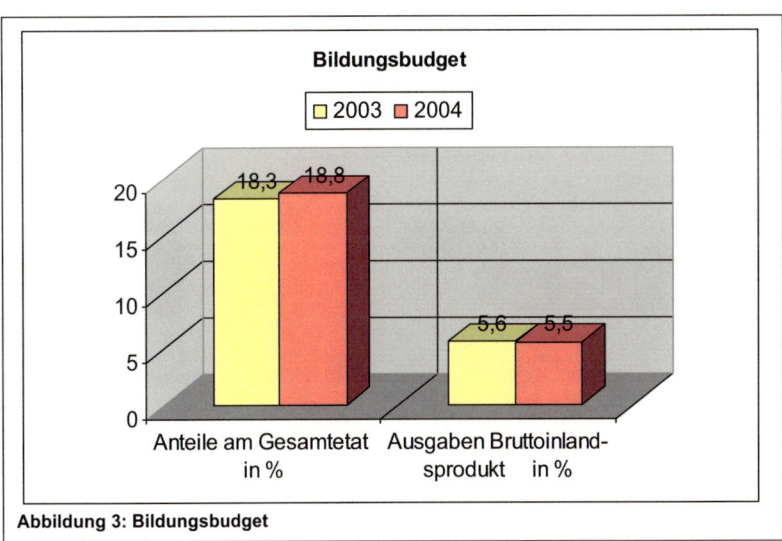

Abbildung 3: Bildungsbudget

zum Gesamtetat, so bedeutet dies eine Steigerung von 0,5%. Das hört sich positiv an – bekommt aber einen anderen Zusammenhang, wenn diese Daten im Gegensatz zu den Ausgaben des Bruttoinlandsprodukts und den Ausgaben der gesamten Volkswirtschaft vergleicht. Denn daran gemessen sanken die Bildungsausgaben um 0,3 Mrd. Euro sowie um 0,1% des Bruttoinlandsprodukts! Diese Daten berücksichtigen dabei allein den Zeitraum von 2003 zu 2004. Übersetzt bedeuten diese Zahlen, dass zwar die Ausgaben der Summe an Geld zwar steigen, die Ausgaben im Vergleich zu anderen Ausgaben aber sinken.

| | | Jahr der Erhebung des Bruttonationaleinkommen | | | |
		1995	2000	2003	Summe
	Deutschland	47,8	67	67,9	182,7
Staat	Frankreich	43,9	55,4	50,5	149,8
	Italien	50,9	56,1	50,8	157,8
Quelle: Bildungsbericht 2006, Abbildung A4-2A					

Tabelle 4: Marktoffenheit im internationalen Vergleich in %

In *Tabelle 4* untersuche ich die Marktoffenheit der deutschen Wirtschaft im internationalen Vergleich. Die Marktoffenheit einer Volkswirtschaft ist definiert als Anteil des gesamten Außenhandels, also Importe und Exporte, am Bruttonationaleinkommen.

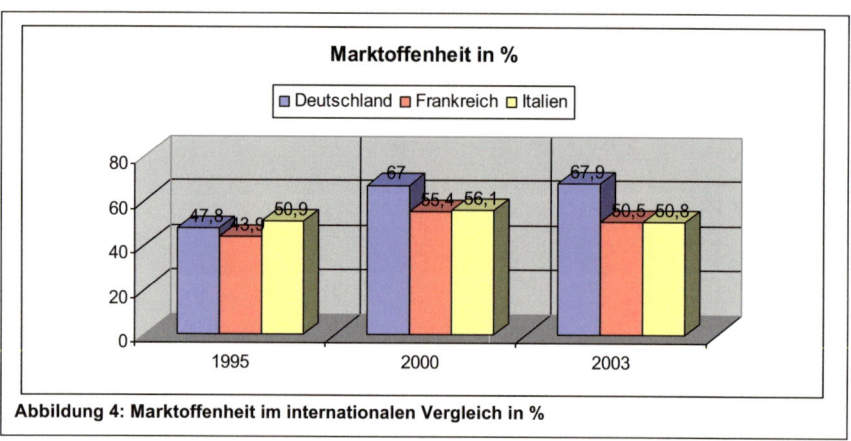

Abbildung 4: Marktoffenheit im internationalen Vergleich in %

Aus den Daten lässt sich ersehen, dass die Marktoffenheit Deutschlands im Vergleich zu anderen Ländern der EU, in diesem Falle

Frankreich und Italien, steigt. Die prozentuale Summe der für den Vergleich genutzten Jahre 1995, 2000 und 2003 ist höher: um 32,9% höher als Frankreich und 24,9% höher als Italien. Wichtiger für die Auswertung ist jedoch die Entwicklung zwischen den Jahren (siehe *Abbildung 4*). So haben zwar alle drei Länder zwischen 1995 und 2000 einen Anstieg der Marktoffenheit zu verzeichnen, jedoch nur Deutschland konnte diese zum Jahr 2003 hin halten bzw. sogar um 0,9% steigern. Im Gegensatz dazu fiel die Marktoffenheit Frankreichs und Italiens um 4,9 % bzw. um 5,3%.

| | | Jahr der Erhebung | | | |
		1995	2000	2004	*Summe*
	Studienanfänger	261.427	314.539	358.704	934.670
Gegenstand der Nachweisung	**Duales System insgesamt**	547.062	582.416	535.322	1.664.800
	Berufliches Bildungssystem insgesamt	1.068.470	1.217.985	1.234.926	3.521.381
	Summe	1.876.959	2.114.940	2.128.952	6.120.851

Quelle: Bildungsbericht 2006, Abbildung E1-1A
Tabelle 5: Neuzugänge in das berufliche Bildungssystem

In *Tabelle 5* möchte ich einige Bereiche der Neuzugänge in das berufliche Bildungssystem vergleichen. So gibt es insgesamt zwar immer noch 1,78 mal mehr Auszubildende im Dualen System als Studienanfänger. Jedoch ist durch die Daten zu erkennen, dass die Zahl der Studienanfänger, d.h. der Gruppe zwischen 20 bis unter 30-Jährigen, steigt (von 1995 zu 2000 um 53.112; von 2000 zu 2004 um 44.165), die Zahl der Azubis hingegen sinkt (von 1995 zu 2005 um 11.740). Im Vergleich zu den Neuzugängen im gesamten Bildungssystem nehmen Studenten z.B. im Jahr 2004 nur einen Teil von 29% ein – im Gegensatz zu den Auszubildenden, die einen prozentualen Anteil von 43,3%.

Vergleicht man den Zuwachs im Beruflichen Bildungssystem insgesamt, so ist zu erkennen, dass es zwar einen Anstieg gibt, dieser jedoch zwischen 1995 und 2000 mit 149.515 größer ist der zwischen 2000 und 2004, wo der Zuwachs lediglich 16.941 Neuzugänge umfasst (siehe *Abbildung 5*). Das bedeutet, die Neuzugänge sind in den fast gleichen Jahresabständen um das 8,8-fache zurückgegangen. Diese Veränderung der steigenden Studienanfängerzahlen und der sinkenden Auszubildendenzahlen kann auch dahin ausgelegt werden, dass es eine Verschiebung zur Wissensgesellschaft gibt.

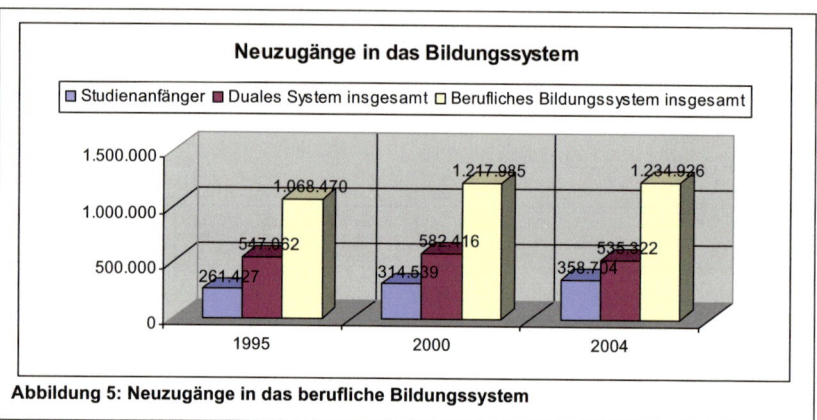

Neuzugänge in das Bildungssystem

Abbildung 5: Neuzugänge in das berufliche Bildungssystem

Somit kann der anfangs aufgestellten Haupthypothese, dass die sich verändernden Rahmenbedingungen in Deutschland Veränderungen im Bildungswesen nach sich ziehen zugestimmt und der entsprechenden Nullhypothese widersprochen werden. Denn die ausgewählten Datenvergleiche zeigen eine eindeutige Tendenz zwischen Veränderungen der Rahmenbedingungen und des Bildungswesens.

6 Zusammenfassende Bewertung und Ausblick

Die Untersuchungen zeigen deutlich, dass die Rahmenbedingungen in Deutschland enormen Veränderungen unterworfen sind und schwieriger geworden. Diese Veränderungen gehen am Bildungswesen nicht spurlos vorbei. Vielmehr fordern sie eine Anpassung des Bildungswesens an die sich verändernden Rahmenbedingungen. Besonders der demographische Wandel mit der immer älter werdenden Bevölkerung und dem Rückgang der für Universität und Ausbildung relevanten Bevölkerungsschicht der 20 bis unter 30-Jährigen fordert eine Anpassung des Bildungswesens. Denn im Vergleich fangen von dieser Schicht prozentual im Zuwachs mehr Menschen ein Studium an als im Dualen System einen Beruf zu erlangen. Der Bildungssektor wird auch davon nicht verschont bleiben, dass sich das Wirtschaftswachstum Deutschland seit Jahren verschlechtert. Auch hier sind Anpassungsleistungen seitens des Bildungswesens nötig.

Durch die steigende Marktoffenheit und Globalisierung wird dem Bildungswesen zudem eine Anpassung abverlangt, sich im internationalen Vergleich einzugliedern, z.b. was internationale Bildungsabschlüsse, Qualifizierungen oder die Vorbereitung auf den internationalen Arbeitsmarkt anbelangt.

Wie aus den Untersuchungen zu sehen ist, passiert auch ein Wandel zur Wissensgesellschaft. Auch in dieser Hinsicht erzwingen die sich verändernden Rahmenbedingungen eine Anpassung des Bildungssystems – trotz bzw. wegen sinkender Gelder für das Bildungswesen! Die Frage, die sich daraufhin stellt ist, wie diese Anpassung des Bildungswesens auf die sich verändernden Rahmenbedingungen aussehen könnten bzw. auszusehen haben.

Diese Arbeit konnte aus Platzgründen nur einen sehr kleinen Teil des sich anbietenden Themas auffassen und behandeln. Für eine intensivere Auseinandersetzung wäre, z.B. im Rahmen einer großen Arbeit, ausreichend Material und Stoff vorhanden; besonders was die Frage anbelangt, wie sich das Bildungswesen an die Rahmenbedingungen anpassen könnte. Bei einer intensiveren Beschäftigung mit dem Thema wäre auch die Durchführung eines Signifikanztests denkbar.

Literaturverzeichnis

Börtz, J. & Döring, N. (2002). Forschungsmethoden und Evaluation für Sozialwissenschaftler. 2. vollständig überarbeitete und aktualisierte Auflage. Berlin.

Esser H. (1984). Fehler bei der Datenerhebung. Kurs 3604 der Fernuniversität Hagen; Kurseinheit II: Meßfehler bei der Datenerhebung und die Techniken der empirischen Sozialforschung. Hagen.

Konsortium Bildungsberichterstattung (2006). Bildung in Deutschland. [WWW-Dokument unter http://www.bildungsbericht.de]

Ludwig-Mayerhofer, W. (1999). ILMES – Internet-Lexikon der Methoden der empirischen Sozialforschung. [WWW-Dokument unter http://www.lrz-muenchen.de/~wlm/ilmes.htm]

Schöneck, N.M. & Voß, W. (2005). Das Forschungsprojekt. Planung, Durchführung und Auswertung einer quantitativen Studie. Wiesbaden.

Wolf, Prof. Dr. W. (1998). Beschreibende und schließende Statistik. Hagen.

Tabellen
Tabelle 1/Abbildung 1: Anteil der 20 bis unter 30-Jährigen in der Gesamtbevölkerung

Tabelle 2/Abbildung 2: Entwicklung des Bruttoinlandsprodukts von Deutschland, EU und USA

Tabelle 3/Abbildung 3: Bildungsbudget

Tabelle 4/Abbildung 4: Marktoffenheit im internat. Vergleich in %

Tabelle 5/Abbildung 5: Neuzugänge in das berufliche Bildungssystem